FONDS SDHEA
DOSSIER D'INSCRIPTION

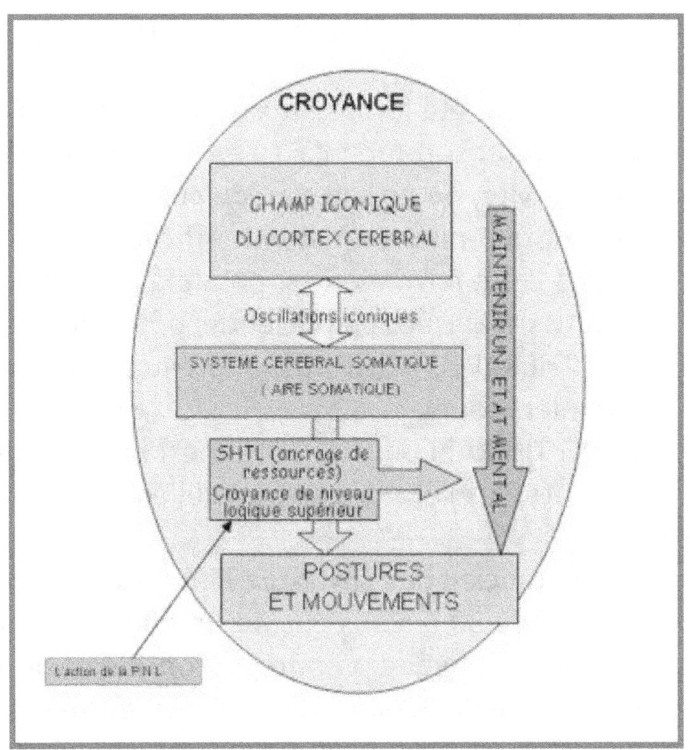

Jean-Louis PENIN fondateur du
COACHING THERAPEUTIQUE SDHEA
et du FONDS SDHEA
Association loi 1901
J.O du 15-08-2023 N° 1627
Organisme de formation professionnelle déclaré

07/09/2023 1ère édition

Bonjour

 Je suis Fondateur du Coaching Thérapeutique SDHEA.
Ma motivation profonde est que grâce à vous tous et à vous toutes, cette méthode de coaching dite THERAPEUTIQUE SDHEA soit pratiquée par le plus grand nombre et se développe grâce à vous dans l'avenir.
Étant par ailleurs devenue accessible à tous et à toutes puisqu'elle nécessite l'unique inscription à la 1ère journée du stage de formation de l'école, elle permet l'accès aux valeurs et ressources du Coaching Thérapeutique SDHEA qui devrait prendre l'essor qu'il mérite puisqu'il a fait le parcours de son efficacité depuis ces vingt dernières années (2003 – 2023).
Plus de cent thérapeutes ont été formés aux techniques SDHEA, et tous ont des résultats probants et surprenants. **La base est la même que les thérapies brèves. On va vite, on ne sait rien du coaché et de ses problématiques et c'est tant mieux, c'est plus efficace.**
L'ensemble de l'accès à cette formation est possible grâce aux nombreuses formations organisées en présentiel pour l'ouverture de l'école de COACHING THERAPEUTIQUE SDHEA prévu à partir d'octobre 2023 pour les six premiers cours.
Le cours de COACHING THERAPEUTIQUE SDHEA est paru en mai 2022 et est disponible dans toutes les librairies en particulier sur amazon.fr sous jean-louis PENIN.
Pour devenir membre praticien du FONDS SDHEA, il suffit d'un règlement de la cotisation annuelle de 30 €. Vous pouvez accéder aux statuts de l'association, ce qui vous permet de prendre en considération les règles d'éthique et de déontologie du FONDS SDHEA. De plus, une assurance professionnelle civile vous couvre en cas de besoins, ce qui est un plus pour votre activité.
Vous pouvez demander une bourse d'étude à l'association pour régler votre première formation soit 180 €. Celle-ci est financée par les dons reçus des membres donateurs, et je vous invite tous à y participer si vos moyens financiers vous le permettent.
Mon téléphone personnel est le 06 04 65 67 76 (laissez un SMS s'il vous plaît) ou par mail : jlpenin@aol.com.
Site https://www.coachingsdhea.fr

jean-louis PENIN

07/09/2023 1ère édition

COURS DE COACHING THERAPEUTIQUE SDHEA

ANALYSE DES SYSTEMES DE SOINS ET GESTION DES EMOTIONS
L'EXCELLENCE CORPS ESPRIT ALIMENTATION SPORT TOUCHER ET MEMOIRE
LA PROGRAMMATION NEUROLINGUISTIQUE ET L'ECOUTE ACTIVE INCONSCIENTE
TRANSE, HYPNOSE ERICKSONIENNE, INDUCTIONS ET SUGGESTIONS
RELAXATION SDHEA LES SCHEMAS CORPORELS ET MENTALS DE LA RELAXATION
PSYCHOSOMATIQUE, SOPHROLOGIE SDHEA ET GESTION DU STRESS
LA P.N.L. ET LES OBJECTIFS, LES CROYANCES, LES RESSOURCES ET LES ANCRAGES

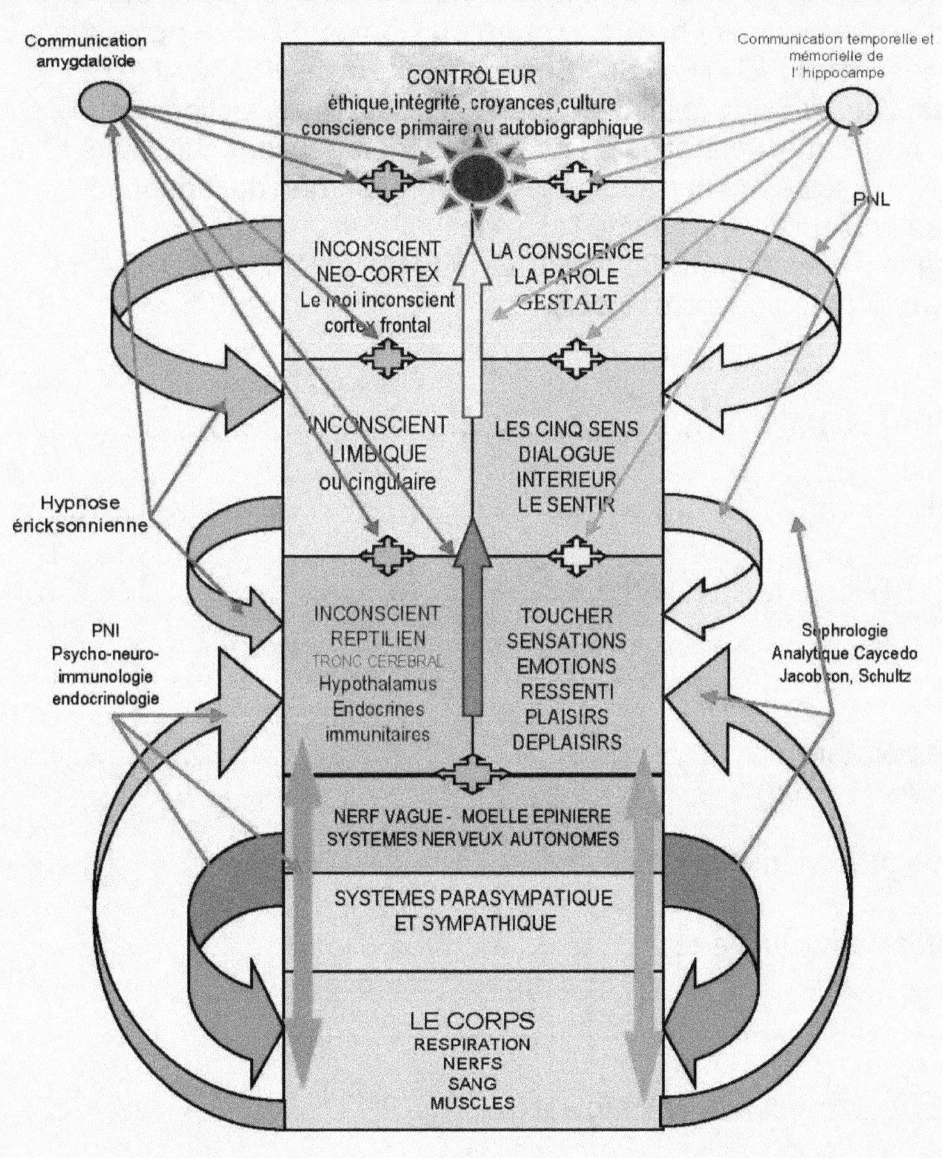

BULLETIN D'INSCRIPTION
au FONDS SDHEA

Je désire cotiser au FONDS SDHEA, association loi 1901, et je reconnais avoir pris connaissance des statuts. En conséquence, j'appliquerai les 9 chapitres relatifs au règlement d'éthique et de déontologie (voir ci-après). Je règle ma cotisation par chèque à l'ordre du FONDS SDHEA adressée au Président jean-louis PENIN au 380 Boulevard du Rastel 83530 AGAY d'un montant de 30 € que je joins au présent bulletin d'inscription. Cette inscription me permet de pratiquer le coaching thérapeutique SDHEA à condition de participer au minimum à la première journée de formation organisé en présentiel au siège de l'association
(voir la charte d'utilisation du COACHING THERAPEUTIQUE SDHEA ci-après à remplir pour pouvoir exercer).

NOM ET PRENOM* : ....

ADRESSE :...

CODE POSTAL................VILLE...

e-mail*...

téléphone portable*...

Formations précédentes : ....

Votre profession actuelle : ....

....

DATE* .... et signature* :

* Mentions obligatoires

UTILISATION DE LA REFERENCE SDHEA

Pour pouvoir prétendre à exercer sous la dénomination coach thérapeute SDHEA, vous devez au minimum :

- ✓ devenir membre de l'association FONDS SDHEA, et être à jour de votre cotisation de 30 €.
- ✓ Signer nominativement la partie règlement d'éthique et de déontologie prévu par les statuts en ses articles 1 à 9
- ✓ Participer activement au séminaire intitulé : « Emotions et systèmes, coaching et thérapie systémiques, le pouvoir sur vos émotions, gestion de l'excellence en auto-coaching, diététique, sport, toucher, mémoire» formation 1 degré 1
- ✓ Acquérir le livre « COURS DE COACHING THERAPEUTIQUE SDHEA » dans son entier.
- ✓ Vous engagez à une formation ultérieure dans les séminaires N° 2 à 6 dans l'année qui suit votre installation si votre chiffre d'affaires dépasse 10 000 € la première année d'activité.
- ✓ Participer activement aux témoignages d'activité sur les sites dédiés, dans les publicités et à l'occasion des conférences
- ✓ Signer la charte d'utilisation du SDHEA*
- ✓ Aucune autre redevance ne vous sera demandé pour utilisation du titre SDHEA.
- ✓ La formation est exclue des activités du SDHEA**

- voir la charte d'utilisation du coaching thérapeutique SDHEA

- ** se renseigner pour les exceptions à la règle d'exclusion.

CHARTE D'UTILISATION
DU COACHING THERAPEUTIQUE SDHEA

Je déclare que :

- Je suis membre de l'association FONDS SDHEA, et je suis à jour de ma cotisation de 30 €.
- J'ai signé nominativement le règlement d'éthique et de déontologie prévu par les statuts en ses articles 1 à 9
- J'ai participé activement au stage de formation intitulé :

EMOTIONS ET SYSTEMES

COACHING ET THERAPIE SYSTEMIQUES

LE POUVOIR SUR VOS EMOTIONS

GESTION DE L'EXCELLENCE EN AUTOCOACHING

DIETETIQUE – SPORT – TOUCHER - MEMOIRE

formation 1 degré 1 de 8 heures

- J'ai acquis le livre « COURS DE COACHING THERAPEUTIQUE SDHEA » dans son entier.
- Je m'engage à me former ultérieurement aux formations N° 2 à 6 dans l'année qui suit mon installation si mon chiffre d'affaires dépasse 10 000 € la première année d'activité.
- Je participe activement aux témoignages d'activité sur les sites dédiés, notations et commentaires sur le site et participations aux publicités audio et vidéo et à l'occasion des conférences et des formations *

NOM   PRENOM

Fait à   le

signature

* droits à l'image inclus

07/09/2023 1ère édition

REGLEMENT D'ETHIQUE ET DE DEONTOLOGIE du FONDS SDHEA

CHAPITRE 1 : TEXTE FONDAMENTAL

Les membres ordinaires du FONDS SDHEA sont tenus de mettre exclusivement en œuvre ou en pratique dans le cadre thérapeutique, les éléments du coaching thérapeutique SDHEA pour lesquels ils ont été certifiés, ou dans le cadre du Coaching ou des soins thérapeutiques qu'ils pratiquent, tous les moyens ou techniques pour lesquels ils ont été certifiés ou formés. L'inscription au cours de la première journée d'une session de formation au coaching thérapeutique SDHEA en présentiel permet de recevoir la certification minimum nécessaire à l'inscription en qualité de membres ordinaires du FONDS SDHEA. Cette formation doit avoir lieu au cours de la première année d'inscription ès qualité.

CHAPITRE 2 : ACTIONS COMPLÉMENTAIRES A LA MEDECINE LEGALE

Les membres ordinaires du FONDS SDHEA s'engagent à agir pour améliorer la santé, la qualité de vie, le bien-être et la longévité de leurs clients en actions complémentaires à la médecine légale. Ils sont donc conscients d'intervenir sur des personnes en bonne santé physique ou mentale.

Dans le cas d'intervention sur des personnes qui ne sont pas en bonne santé physique ou mentale, les membres ordinaires du FONDS SDHEA s'engagent à ne pas interrompre, en aucun cas, un traitement médical prescrit par un membre du corps médical ou hospitalier, ou si aucune consultation médicale n'est en cours et en cas de doute sur cette santé physique ou mentale, ils doivent conseiller à leurs clients de consulter un membre du corps médical ou hospitalier. Conformément à la loi, l'ensemble des membres ordinaires du FONDS SDHEA s'engagent à ne prescrire ni médicaments ni à faire d'ordonnance par rapport à un diagnostic relatif à la santé physique ou mentale

CHAPITRE 3 : LIBERTE ET INDEPENDANCE

Tous les membres ordinaires du FONDS SDHEA doivent dans le cadre thérapeutique ci-dessus, respecter la personne humaine quelles que soient sa race, sa nationalité, sa couleur, sa religion ou ses croyances.

Ils s'engagent sur l'honneur à ne pas utiliser leur pouvoir ou influence thérapeutique pour permettre d'ériger des dogmes, des religions, des sociétés secrètes, ou des sectes.

Ils s'engagent sur l'honneur à ne pas abuser de leur statut de thérapeute à des fins de pouvoirs de tous ordres ou de comportements abusifs ou sexuels.

Je m'engage à respecter les chapitres 1 à 3 du règlement SDHEA

Fait à   le   signature

CHAPITRE 4 : CONFIDENTIALITE ET SECRET PROFESSIONNEL

Les membres ordinaires du FONDS SDHEA s'engagent à respecter dans la mesure du possible la confidentialité des demandes exprimées par leurs clients, et s'engagent dans tous les cas au secret professionnel le plus absolu. Ils peuvent faire un compte rendu technique à un médecin si une séance a été prescrite par ce dernier et exclusivement à ce dernier sous sa seule responsabilité.

CHAPITRE 5 : INTEGRITE ET DEVELOPPEMENT PERSONNEL

Les membres ordinaires du FONDS SDHEA s'engagent à ne pratiquer les techniques apprises dans les stages de formation qu'après s'être assurés qu'il y a demande effective, réelle et directe de la part de leur client.

Ils doivent faire preuve d'intégrité dans toutes leurs démarches, et s'engagent à évoluer dans leur développement personnel par la formation professionnelle propre à augmenter leur intégrité en permanence. Dans ce sens, ils devront tout mettre en œuvre pour avoir la capacité d'accompagner ou de coacher, ou de faire accompagner ou de faire coacher leurs clients jusqu'à l'obtention chez eux d'un optimum de santé, bien être, de qualité de vie ou de longévité.

CHAPITRE 6 : FORMATION PROFESSIONNELLE

Les membres ordinaires du FONDS SDHEA les plus qualifiés ou disposant d'une pratique assurée s'engagent à aider dans la mesure du possible les autres membres qui nécessiteraient une telle qualification ou une telle pratique. Cette formation est considérée par le FONDS SDHEA comme une pratique thérapeutique.

CHAPITRE 7 : PRIX PRATIQUES

Les membres ordinaires du FONDS SDHEA s'engagent à demander le juste prix de leurs consultations, à en informer le client au début de la consultation, ainsi que la durée probable de l'intervention, le cas échéant par écrit, et s'engagent à afficher les tarifs pratiqués dans leurs locaux ou sur le lieu de leur pratique.

CHAPITRE 8 : CONTROLE DE QUALITE DES MEMBRES PRATICIENS DU FONDS SDHEA

Les membres ordinaires du FONDS SDHEA signent le présent code d'éthique et de déontologie pour marquer leur accord avec les 9 articles édictés par le FONDS SDHEA. Ils s'engagent à en afficher un exemplaire dans les locaux professionnels où ils pratiquent.

CHAPITRE 9 : PRESOMPTION IRREFRAGABLE D'UTILISATION DU COURS DE COACHING THERAPEUTIQUE SDHEA

Celui ou celle qui se prévaudra avoir utilisé le cours de coaching thérapeutique SDHEA dans ses travaux sera réputé être membre ordinaire du FONDS SDHEA et en tant que tel appliquer le présent règlement intérieur.

Je m'engage à respecter les chapitres 4 à 9 du règlement SDHEA

Fait à   le   signature

STATUTS
FONDS SDHEA
Association loi 1901

ARTICLE 1 : CONSTITUTION :

 Il est fondé, entre les adhérents aux présents statuts, une association régie conformément aux dispositions de l'article 5 de la loi du 1er juillet 1901 et de l'article 1er de son décret d'application du 16 août 1901, dénommée FONDS SDHEA

ARTICLE 2 : OBJET

FONDS SDHEA est une association régie par la loi 1901 qui a pour objet :

- **de fédérer ses membres pour leur permettre d'exercer le coaching thérapeutique SDHEA** et de mieux répondre aux attentes de soins non médicaux des personnes bien portantes, en amélioration de leur santé, de leur qualité de vie, de leur bien-être et de leur longévité.

- de faire appliquer un règlement d'éthique et de déontologie propice à organiser la pratique du coaching thérapeutique SDHEA dans de bonnes conditions.

ARTICLE 3 : DOMAINE D'ACTIVITE PRINCIPAL

le domaine principal d'activité du FONDS SDHEA est le coaching thérapeutique SDHEA dans le cadre du règlement d'éthique et de déontologie permettant par son application de pratiquer ledit coaching thérapeutique SDHEA sous toutes ses formes.

ARTICLE 4 : SIEGE SOCIAL

Le siège social de FONDS SDHEA est situé :
380, Boulevard du Rastel 83530 SAINT-RAPHAËL – Quartier d'AGAY
 Il peut être transféré sur simple décision du Président.

ARTICLE 5 : DUREE

La durée de FONDS SDHEA est limitée à 30 ans.

ARTICLE 6 : LES MEMBRES DE L'ASSOCIATION

On distingue les membres fondateurs, les membres ordinaires et les membres bienfaiteurs :

- les membres fondateurs : Les membres fondateurs sont Jean-louis PENIN, créateur du coaching thérapeutique SDHEA, dont le contenu est résumé dans un livre qui s'intitule
« cours de coaching thérapeutique SDHEA » et Simone PENIN son épouse.

- Les membres ordinaires ou praticiens :

Les membres ordinaires sont les membres praticiens qui pratiquent le coaching thérapeutique SDHEA dans le cadre du règlement d'éthique et de déontologie du FONDS SDHEA.

- Les membres bienfaiteurs :

Ce sont les membres qui, par les aides financières ou en nature fournies, permettent le rayonnement et le développement du FONDS SDHEA. Les membres fondateurs ou ordinaires peuvent être également bienfaiteurs.

Les membres bienfaiteurs peuvent être des associations, des sociétés commerciales ou non commerciales, ou des groupements sous toutes leurs formes.

Les membres ordinaires et les membres bienfaiteurs sont soumis à l'agrément préalable du Président de l'association FONDS SDHEA.

ARTICLE 7 : ADHESION ET COTISATIONS :

L'admission des membres est acquise par le règlement de la cotisation annuelle.

La cotisation annuelle est fixée à 30 €.

ARTICLE 8 : PERTE DE LA QUALITE DE MEMBRE :

La qualité de membre se perd par :

- le décès ou l'incapacité physique ou mentale d'exercer le coaching thérapeutique SDHEA
- la démission adressée par écrit au Président de l'association, entraînant de fait l'interdiction d'exercer le coaching thérapeutique SDHEA par le membre démissionnaire.
- l'exclusion prononcée par le Président pour exercice du coaching thérapeutique SDHEA ne respectant pas le règlement d'éthique et de déontologie édicté par l'association.
- le non-paiement de la cotisation annuelle

ARTICLE 9 : LE BUREAU- POUVOIRS

Un bureau est élu par l'assemblée générale ordinaire pour 6 ans. Il se compose d'au moins deux membres, soit :

-   un Président
-   un Secrétaire

Le bureau est investi des pouvoirs les plus étendus dans les limites de l'objet de l'association et dans le cadre des résolutions adoptées par l'assemblée générale. En particulier, le bureau est investi de tous les pouvoirs pour emprunter toute somme qui serait nécessaire à son développement.

ARTICLE 9 : LE BUREAU- POUVOIRS

Un bureau est élu par l'assemblée générale ordinaire pour 6 ans. Il se compose d'au moins deux membres, soit :
- un Président
- un Secrétaire

Le bureau est investi des pouvoirs les plus étendus dans les limites de l'objet de l'association et dans le cadre des résolutions adoptées par l'assemblée générale. En particulier, le bureau est investi de tous les pouvoirs pour emprunter toute somme qui serait nécessaire à son développement.

ARTICLE 10 : REUNION DU BUREAU

Le bureau se réunit au moins une fois par an pour dresser le rapport moral et financier de l'association et, sur la demande écrite adressée au président de l'association par la moitié de ses membres, il se réunit chaque fois que l'intérêt de l'association l'exige. Le président convoque par écrit ou oralement les membres du bureau aux réunions en précisant l'ordre du jour. Chaque membre du bureau peut se faire représenter par un autre membre du bureau. Les délibérations sont prises à la majorité des voix des membres présents et représentés. En cas d'égalité, la voix du président est prépondérante. Toutes les délibérations du bureau sont consignées dans un registre et signées par le Président et le Secrétaire.

ARTICLE 11 : LES DIRIGEANTS - POUVOIRS

L'association est dirigée par le Président et le Secrétaire qui reçoivent tous les pouvoirs pour diriger et représenter l'association. En particulier, ils reçoivent tous les pouvoirs pour ouvrir, fermer ou faire fonctionner un ou plusieurs comptes bancaires.
Le Président est investi des pouvoirs les plus étendus pour déclarer l'association en qualité d'organisme de formation.
Le Président et le Secrétaire sont élus pour une durée de 10 ans. Le premier Président nommé est Jean-Louis PENIN, fondateur de l'association. Le premier secrétaire nommé est Simone PENIN

ARTICLE 12 : ASSEMBLEES GENERALES ORDINAIRES ET EXTRAORDINAIRES :

Les assemblées générales ordinaires se composent de tous les membres de l'association à jour de leurs cotisations. Les assemblées sont organisées selon la qualité des membres du FONDS SDHEA. Les assemblées générales se réunissent sur convocation du président de l'association ou sur demande écrite d'au moins un tiers des membres ordinaires de l'association. Une assemblée générale ordinaire se réunit dans les 6 mois de l'arrêté des comptes sociaux et vote les documents financiers. L'assemblée générale ordinaire vote à la majorité de la moitié des membres ordinaires de l'association. Les assemblées générales extraordinaires se réunissent pour prendre des décisions de l'ordre de la continuation ou non de l'activité, de la dissolution ou de la liquidation de l'association. Elle vote à la majorité des deux tiers de ses membres ordinaires.

ARTICLE 13 : RESSOURCES DE L'ASSOCIATION

Les ressources de l'association se composent :
- du produit des cotisations versées par ses membres
- des dons et libéralités dont elle bénéficie
- des subventions de l'état, des collectivités territoriales et des établissements publics
- du produit des manifestations qu'elle organise
- des intérêts et redevances des biens et valeurs qu'elle peut posséder
- des rétributions des services rendus
- de toutes autres ressources autorisées par la loi, notamment, recourir en cas de nécessité, à un ou plusieurs emprunts bancaires ou privés.

ARTICLE 14 : REGLEMENT D'ETHIQUE ET DE DEONTOLOGIE :

Un règlement d'éthique et de déontologie est rédigé par les membres fondateurs et s'applique à l'ensemble des membres ordinaires du FONDS SDHEA. IL se compose de neuf CHAPITRES ainsi rédigés :

« **CHAPITRE 1 : TEXTE FONDAMENTAL :**

Les membres ordinaires du FONDS SDHEA sont tenus de mettre exclusivement en œuvre ou en pratique dans le cadre thérapeutique, les éléments du coaching thérapeutique SDHEA pour lesquels ils ont été certifiés, ou dans le cadre du Coaching ou des soins thérapeutiques qu'ils pratiquent, tous les moyens ou techniques pour lesquels ils ont été certifiés ou formés. L'inscription au cours de la première journée d'une session de formation au coaching thérapeutique SDHEA en présentiel permet de recevoir la certification minimum nécessaire à l'inscription en qualité de membres ordinaires du FONDS SDHEA. Cette formation doit avoir lieu au cours de la première année d'inscription ès qualité.

CHAPITRE 2 : ACTIONS COMPLEMENTAIRES A LA MEDECINE LEGALE :

Les membres ordinaires du FONDS SDHEA s'engagent à agir pour améliorer la santé, la qualité de vie, le bien-être et la longévité de leurs clients en actions complémentaires à la médecine légale. Ils sont donc conscients d'intervenir sur des personnes en bonne santé physique ou mentale.

Dans le cas d'intervention sur des personnes qui ne sont pas en bonne santé physique ou mentale, les membres ordinaires du FONDS SDHEA s'engagent à ne pas interrompre, en aucun cas, un traitement médical prescrit par un membre du corps médical ou hospitalier, ou si aucune consultation médicale n'est en cours et en cas de doute sur cette santé physique ou mentale, ils doivent conseiller à leurs clients de consulter un membre du corps médical ou hospitalier. Conformément à la loi, l'ensemble des membres ordinaires du FONDS SDHEA s'engagent à ne prescrire ni médicaments ni à faire d'ordonnance par rapport à un diagnostic relatif à la santé physique ou mentale.

CHAPITRE 3 : LIBERTE ET INDEPENDANCE :

Tous les membres ordinaires du FONDS SDHEA doivent dans le cadre thérapeutique ci-dessus, respecter la personne humaine quelles que soient sa race, sa nationalité, sa couleur, sa religion ou ses croyances.

Ils s'engagent sur l'honneur à ne pas utiliser leur pouvoir ou influence thérapeutique pour permettre d'ériger des dogmes, des religions, des sociétés secrètes, ou des sectes.

Ils s'engagent sur l'honneur à ne pas abuser de leur statut de thérapeute à des fins de pouvoirs de tous ordres ou de comportements abusifs ou sexuels.

CHAPITRE 4 : CONFIDENTIALITE ET SECRET PROFESSIONNEL :

Les membres ordinaires du FONDS SDHEA s'engagent à respecter dans la mesure du possible la confidentialité des demandes exprimées par leurs clients, et s'engagent dans tous les cas au secret professionnel le plus absolu. Ils peuvent faire un compte rendu technique à un médecin si une séance a été prescrite par ce dernier et exclusivement à ce dernier sous sa seule responsabilité.

CHAPITRE 5 : INTEGRITE ET DEVELOPPEMENT PERSONNEL :

Les membres ordinaires du FONDS SDHEA s'engagent à ne pratiquer les techniques apprises dans les stages de formation qu'après s'être assurés qu'il y a demande effective, réelle et directe de la part de leur client.

Ils doivent faire preuve d'intégrité dans toutes leurs démarches, et s'engagent à évoluer dans leur développement personnel par la formation professionnelle propre à augmenter leur intégrité en permanence. Dans ce sens, ils devront tout mettre en œuvre pour avoir la capacité d'accompagner ou de coacher, ou de faire accompagner ou de faire coacher leurs clients jusqu'à l'obtention chez eux d'un optimum de santé, bien être, de qualité de vie ou de longévité.

CHAPITRE 6 : FORMATION PROFESSIONNELLE :

Les membres ordinaires du FONDS SDHEA les plus qualifiés ou disposant d'une pratique assurée s'engagent à aider dans la mesure du possible les autres membres qui nécessiteraient une telle qualification ou une telle pratique. Cette formation est considérée par le FONDS SDHEA comme une pratique thérapeutique.

CHAPITRE 7 : PRIX PRATIQUES :

Les membres ordinaires du FONDS SDHEA s'engagent à demander le juste prix de leurs consultations, à en informer le client au début de la consultation, ainsi que la durée probable de l'intervention, le cas échéant par écrit, et s'engagent à afficher les tarifs pratiqués dans leurs locaux ou sur le lieu de leur pratique.

CHAPITRE 8 : CONTROLE DE QUALITE DES MEMBRES PRATICIENS DU FONDS SDHEA :

Les membres ordinaires du FONDS SDHEA signent le présent code d'éthique et de déontologie pour marquer leur accord avec les 9 articles édictés par le FONDS SDHEA. Ils s'engagent à en afficher un exemplaire dans les locaux professionnels où ils pratiquent.

CHAPITRE 9 : PRESOMPTION IRREFRAGABLE D'UTILISATION DU COURS DE COACHING THERAPEUTIQUE SDHEA

Celui ou celle qui se prévaudra avoir utilisé le cours de coaching thérapeutique SDHEA dans ses travaux sera réputé être membre ordinaire du FONDS SDHEA et en tant que tel appliquer le présent règlement intérieur. »

ARTICLE 15 : DISSOLUTION – DEVOLUTION DES BIENS

La dissolution de l'association est décidée à tout moment par l'assemblée générale extraordinaire de l'association qui vote celle-ci à la majorité des deux tiers de ses membres ordinaires. Elle doit être motivée par l'absence d'activité ou l'absence de motivation de ses membres ordinaires.

A la fin de la période de trente ans, l'association est dissoute de plein droit.

Le bonis de liquidation est dévolu à la Fondation de France qui choisit l'investissement en relation avec l'objet de l'association. A défaut, et en cas de refus de celle-ci d'accepter une telle dévolution, le bonis de liquidation est attribuée à une association dont l'activité est le coaching ou la thérapie.

ARTICLE 16 : FORMALITES

Le Président ou l'un des membres du bureau reçoit tous les pouvoirs pour accomplir toutes les formalités de déclaration et de publication prévues par la loi, tant au moment de la création de l'association qu'au cours de son existence.
Fait à Agay le 20 juillet 2023

Signatures des membres du bureau

PENIN Jean-louis Simone

Président

PENIN

Secrétaire

CE QUE L'ON PEUT TRAITER PAR LE COACHING ET LA THERAPIE

Problèmes de couple, familiaux,
Phobies, claustrophobies,
Agoraphobies, phobie sociale,
Peur des ascenseurs, du train, de l'avion, de l'eau...,
Dépression, anxiété, crises de panique, stress et mal-être,
Migraines, insomnies, cauchemars,
Crampes de l'Ecrivain,
Procrastination
Troubles obsessionnels et du comportement,
Certains symptômes : paralysie, cécité, surdité, aphonie,
Amnésie, dysphagie, tics et bégaiements,
Manque de confiance en soi,
Réorientation professionnelle ou personnelle,
Entraînement à la concentration, à la performance,
Sport, études, examens,
Définition d'objectifs,
Préparation préopératoire,
Accouchement sans douleur,
Dentisterie, analgésie, anesthésie, et suites postopératoires,
Lutte contre la douleur,
Examens médicaux pénibles, cancer, grand brûlé... ,
Soutien durant le traitement du cancer, du sida et autres graves maladies,
hémophilie, herpès génital ou labial, leucémie, diabète ,
Traumatismes : accident, décès, divorces...,
Prise de décision importante,
Impuissance, vaginisme, frigidité, anorgasmie,
Dysménorrhée et aménorrhée, stérilité, énurésie, coprorésie,
Rétention urinaire,
Excès de poids,
Boulimie, anorexie,
Tabagisme, alcoolisme,
Toxicomanie, onychophagie,
Maladies de la peau : psoriasis, prurit, verrues, zona,
Eczéma, urticaire, calvitie... ,
Allergies ponctuelles ou chroniques,
Asthme, hypertension artérielle,
Problèmes de vue,
Troubles gastro-intestinaux..
Troubles dont on ne sait absolument rien...
et que l'on traite malgré tout.
et divers que nos Coach Thérapeutes SDHEA découvrent tous les jours
Mais en réponse à une question de l'une de nos élèves, vous n'êtes pas obligé
tout traiter..., sauf si on vous le demande bien sûr !

LE METIER DE COACH THERAPEUTE

- ❏ INSTALLATION DU COACH THERAPEUTE

- ❏ COMPORTEMENT DU COACH THERAPEUTE SDHEA

- ❏ ETHIQUE ET DEONTOLOGIE

- ❏ COACHING THERAPEUTIQUE INDIVIDUEL ET PETITS GROUPES

- ❏ COACHING COLLECTIF ET EN ENTREPRISES

- ❏ COACHING A DISTANCE

INSTALLATION DU COACH THERAPEUTE (1)

OBLIGATION ADMINISTRATIVES, SOCIALES ET FISCALES

Le Coach Thérapeute qui s'installe doit se conformer à quelques règles de base de déclarations.

Les informations suivantes ne valent pas pour une exploitation en société ou pour la formation professionnelle (contacter un professionnel Expert-comptable dans ce cas).

ORGANISME DE TUTELLE :

L'organisme de tutelle des déclarations en France se trouve être les URSSAF

Vous pouvez actuellement faire toutes vos déclarations d'autoentrepreneur sur le site

https://pole-autoentrepreneur.com/

LIEU UNIQUE D'EXERCICE ON PLUSIEURS :

Ainsi, s'il y a plusieurs lieux d'exercice, la déclaration suivante se fait en précisant les informations fournies par la première URSSAF. Ne pas en faire deux en même temps sans information de l'une des deux d'abord.

Vous indiquez votre première adresse professionnelle et privée.

INFORMATIONS RETOUR :

Vous recevez en retour un formulaire cerfa individuel qui vous permet d'indiquer outre votre état civil, vos revenus de l'exercice précédent et votre situation salariée, non salariées et de gérance majoritaire ou minoritaire de société.

Vous recevrez ensuite le numéro d'immatriculation INSEE et l'APE (catégorie professionnelle)

En principe les URSSAF préviennent le Centre des impôts de votre installation, et aucune déclaration particulière n'est à faire tant que ces derniers n'ont pas pris contact avec vous.

INSTALLATION DU COACH THERAPEUTE (2)

<u>REGIME TVA hors auto-entrepreneur.</u>

Les honoraires sont soumis à 20% de TVA si vous n'êtes pas soumis au régime d' autoentrepreneur.

Si vous êtes formateur et que vous désirez ne pas être soumis à la TVA, il vous faut détenir un numéro d'agrément auprès de la Direction générale et de l'emploi (demandez à votre préfecture pour les coordonnées), sinon vous y serez soumis même en autoentrepreneur (exception).

Ce numéro de formateur est fourni après avoir indiqué vos références professionnelles d'expériences et de diplôme requis pour chaque catégorie de matière enseignée. Ce n'est pas un agrément de qualité.

En dehors de ce régime de TVA exonéré en matière de formation professionnelle agréée, les honoraires perçus sont soumis à 20% de TVA en régime BNC classique.

Il suffit de multiplier les recettes perçues par le coefficient 0,833 pour obtenir les recettes hors taxes.

<u>EXONERATION :</u>

Si vous n'optez pas pour un régime réel simplifié BNC (déclaration contrôlée), vous écrirez à votre centre des impôts plus tard pour leur indiquer votre désir d'être au régime micro entreprise. Vous serez alors exonéré de TVA et vous ne serez pas tenu de faire de déclaration (voir ci après le régime micro entreprise).

<u>REMARQUE :</u> ATTENTION de bien conserver toutes vos pièces de frais dès le début de votre activité ainsi que toute vos factures. En effet, vous ne savez jamais si vous allez dépasser ou non le chiffre annuel limite. Dès le dépassement vous êtes soumis à la TVA dès le premier euro et non à partir de la limite !

<u>Obligations fiscales et déclaratives (2023)</u>

ATTENTION : En dehors de l'auto-entrepreneur, s'adresser aux services des impôts compétents de votre domicile, les quelques lignes qui suivent n'ayant pas le caractère de conseil en matière fiscale mais seulement quelques indications sur votre régime d'imposition.

Il existe deux modes d'imposition des bénéfices non commerciaux, dont le champ d'application est essentiellement lié au montant des recettes : le régime de déclaration et d'imposition simplifiées, dit régime « micro », lorsque les recettes n'excèdent pas 77 700 € /AN et, au-dessus de ce montant, le régime de la déclaration contrôlée. (voir page ci-après)

INSTALLATION DU COACH THERAPEUTE (3)

Le résultat imposable des contribuables dont les recettes n'excèdent pas 77 700 € est calculé de manière forfaitaire (2023).

Les contribuables portent directement sur leur déclaration annuelle de revenus n° 2042 le montant brut de leurs recettes. Le bénéfice net est calculé par l'administration par application à ces recettes d'un abattement forfaitaire qui change chaque année. Voir votre centre des impôts

Cet abattement est réputé tenir compte de toutes les charges, y compris la location de local, les frais de déplacements et de voiture, les cotisations sociales et les amortissements linéaires des biens affectés à l'exploitation.

Obligations comptables

Les obligations comptables des contribuables placés sous le régime micro sont très allégées. Les contribuables doivent tenir, et, sur demande du service des impôts, présenter un document enregistrant le détail journalier de leurs recettes professionnelles.

Le document doit mentionner l'identité déclarée par le client, ainsi que la date et la forme du versement des honoraires.

Deux mesures d'assouplissement sont prévues par l'administration concernant l'enregistrement des recettes d'un montant unitaire inférieur à un certain seuil et des honoraires payés par chèque

Les contribuables relevant du micro sont dispensés de produire une déclaration spécifique. Ils portent directement sur leur déclaration de revenus n° 2042 le montant des recettes annuelles

et joignent à cette déclaration l'état n° 2042 P qui doit mentionner, outre les éléments utiles à l'identification de l'entreprise, le montant hors taxes des recettes encaissées ainsi que le montant des plus ou moins-values à court terme et à long terme réalisées dans le cadre de l'activité professionnelle.

En revanche, aucune mention relative aux biens affectés à l'exploitation n'est exigée.

En cas de pluralité d'activités ou d'entreprises, un état doit être souscrit pour chaque lieu d'exploitation.

REGIME DE LA DECLARATION CONTROLEE :

S'adresser directement aux impôts, ou à un centre de gestion, ou à un cabinet d'Expertise Comptable pour éviter de faire des erreurs manifestes.

COMPORTEMENT DU COACH THERAPEUTE SDHEA FORMATION, ETHIQUE ET DEONTOLOGIE

Le coaching nécessite deux fondements pour pouvoir fonctionner correctement :
- Soit une supervision par un Coach d'une ancienneté et d'une formation suffisante pour vous aider dans certains cas (co-coaching)
- Soit l'adhésion à une Unité association de Thérapeutes, Psychothérapeutes et Coach thérapeutes garante de la mise en œuvre de règles fondamentales d'éthique et de déontologie qu'elle met en place et qu'elle fait évoluer par l'intermédiaire de ses membres praticiens.

C'est cette adhésion qui a été retenue par le Coaching thérapeutique SDHEA. C'est la fonction contrôle du système SDHEA. Elle permet de prévoir le contrôle du comportement du Coach thérapeute SDHEA en exercice.

L'unité associative utilisée est le FONDS SDHEA.

Cette adhésion garantit l'utilisation d'une ou plusieurs stratégies (actuellement le COACHING THERAPEUTIQUE SDHEA).

REGLES D'ETHIQUE : Voir les règles 1 à 9 sur les statuts du FONDS SDHEA.

Le Coach Thérapeute SDHEA n'intervient que dans les domaines pour lesquels il a été formé

En ce qui vous concerne, vous pouvez utiliser toutes les techniques apprises dans le cours de Coaching thérapeutique qui font référence aux techniques suivantes :

1. L'analyse des systèmes si vous avez suivi le cours N° 1.
2. La relaxation avec les étapes mentales de la relaxation sophro dynamique SDHEA si vous avez suivi le cours N° 4.
3. La sophrologie analytique SDHEA si vous avez suivi le cours N° 5.

Les techniques propres à la PNL et à l'hypnose si vous aves suivi les cours N° 2, 3 et 6

COACHING THERAPEUTIQUE SDHEA
EXERCICE EN CABINET ET EN PETITS GROUPES

LE COACHING THERAPEUTIQUE INDIVIDUEL :

Les modes de Coaching Thérapeutique ne sont pas différents des modes coach utilisés habituellement sauf la nécessité d'adapter le mode thérapeutique aux cas particuliers (entreprise, téléphone et internet).

Voici un aperçu des différents modes de Coaching Thérapeutique que l'on peut utiliser

1°. Le coaching thérapeutique en cabinet

C'est le cas classique de référence à utiliser avec un client en demande d'amélioration mentale de valeurs, de capacité ou de comportements (comme un Psychothérapeute en cabinet).

La séance se déroule en face à face habituelle. L'anamnèse complète a été analysée, les cas particuliers relatifs à la transe Ericksonienne à la PNL à la Relaxation ou à la Sophrologie analytique ont été observés cas par cas dans les cours 2, 3 et 6.

2°. La consultation à domicile

Ce type de consultation sera utilisé plus fréquemment pour traiter des petits groupes familiaux ou en entreprise car il est difficile voire souvent impossible de déplacer les clients hors de leur contexte habituel.

Il différe quelque peu du cabinet du fait du contexte de la consultation.

Il faut être attentif aux ancrages éventuels sur des objets ou sur des personnes et tenir compte des perturbations locales (conjoint, enfants, familles etc) qui ne font pas partie de la consultation. Ce mode de consultation est à éviter pour les débutants en pratique de Coaching et préférer la consultation en cabinet.

3°. La consultation de petits groupes

Il s'agit du coaching de couple, de famille ou d'enfants, ou de groupes formés pour des séances de relaxation ou de sophrologie analytique en cabinet mais sans interactions entre les éléments du groupe.

Les techniques de Coaching Thérapeutique SDHEA permettent l'approche de ces groupes de façon globale, mais non pour résoudre des problèmes de comportements complexes dans le groupe au sens d'un système de personnes avec interactions entre les éléments.

Selon les cours que vous avez suivi dans le déroulement de votre formation, les techniques de Coaching Thérapeutique SDHEA permettent l'approche de ces groupes de façon globale, mais non pour résoudre des problèmes de comportements complexes dans le groupe au sens d'un système de personnes avec interactions entre les éléments.

Le travail sera donc un travail non interactif entre les membres du groupe et permettra une résolution globale de demandes quasi identiques exprimées par un tel groupe, demandes familiales de reconstructions, travaux sur l'enfance ou l'adolescence demandant des adaptations spéciales au niveau de l'éthique ou de la déontologie.

Exemple : répondre à des demandes de stress collectif provenant d'agents extérieurs, demande de communication orale, technique de sophronisation. Les techniques de PNL ou de transe Ericksonienne seront effectuées l'une après l'autre en ayant soin de veiller aux adaptations des VAKO préférentiels de chacun.

La seule difficulté rencontrée sera de s'assurer de bien balayer tout le VAKO dans la parole thérapeutique de sorte que chacun puisse suivre les explications simultanément. (theme du cours N° 2, 3 et 6)

4°. Les consultations en entreprise

Elles devront faire l'objet d'un réhabillage tactique.

Le coaching Thérapeutique SDHEA pour l 'entreprise (petites unités de 2 à 5 personnes) sera présenté comme coaching SDHEA en éliminant l'impact thérapeutique non encore perçu par le monde du travail.

 Ces dernières années, les entreprises ont commencé petit à petit à accepter des travaux de coaching sur la maîtrise des émotions parmi les employés et parfois sur la gestion du stress, bien que ce soit encore mal perçu car la plupart des chefs d'entreprise entretiennent volontairement le stress pour augmenter le rendement des employés. Et comme ce sont les payeurs ! Les techniques de Coaching d'entreprise avancées avec interactions entre le personnel de même niveau hierarchique ou de différents niveaux hierarchiques nécessitent des techniques particulières qui devront faire l'objet de contrats spéciaux faisant intervenir le décideur – payeur et le ou les coachés bénéficiaires de l'aide.

COACHING THERAPEUTIQUE SDHEA
EXERCICE A DISTANCE PAR EMAIL SMS OU TELEPHONE

5°. Le Coaching Thérapeutique SDHEA par téléphone ou video :

Il se pratique comme si la consultation se passait en cabinet mais avec réduction du signaling visuel et de l'échange kinesthésique (synchro, ancres, anamnèse avec observation du VAKO dans les yeux). Pour les rendes vous il existe télé-tick qui est l'equivalent de Doctolib pour les médecines douces.

Dans ces conditions, vous pourrez obtenir d'excellents résultats :

- Si vous commencez vos séances par une ou deux séances réelles en cabinet de sorte que cela vous permette de positionner des suggestions post-hypnotiques, des ancres en chevauchement Kinesthésique/auditive

- de vérifier le VAKO préférentiel de la personne

- de choisir de travailler ou non au téléphone. Le plus efficace est de travailler avec une personne visuelle ou auditive, le moins efficace avec une personne très kinesthésique, bien que cela ne soit pas impossible.

Prévoir la mise en place d' un contrat spécifique par écrit (voir contrat type SDHEA)

6°. Le Coaching Thérapeutique par email sur Internet, par fax ou par courrier.

Le mode VAKO est assez perturbé puisqu'il n'y a qu'un échange visuel et auditif construit en lecture cerveau gauche.

Ce mode ne peut convenir à mon avis qu'en complément à un coaching classique en cabinet.

Unique recommandation : Veillez à l'orthographe et au style.

Munissez vous d'un correcteur orthographique sur l'ordinateur (word par exemple) et soyez très neutre pour éviter d'être mal interprété. Internet étant immédiat, il empêche la réflexion mesurée comme sur un courrier ordinaire. De ce fait aucun regret n'est possible une fois l'envoi établi et un message peut être mal interprété. Les formules de politesse restent absolument nécessaires au début et à la fin des messages et le style doit être la traduction d'un langage non spécifique en évitant le métalangage sans être parfaitement synchronisé en face à face.

Prévoir, comme pour le téléphone, la mise en place d'un contrat spécifique par écrit.

7° La formation au coaching thérapeutique SDHEA :

Renseignez vous auprès du Fondateur du Coaching Thérapeutique SDHEA pour pouvoir organiser des formations par vous mêmes.

Si les marques de reconnaissances COACHING SDHEA, RELAXATION SDHEA et SOPHROLOGIE SDHEA sont protégées par l'INPI, c'est pour préserver les usages qui en sont faits. Le droit de former est réservé aux administrateurs du FONDS SDHEA, titulaires d'une formation complete à 4 niveaux du coaching thérapeutique SDHEA.. Aucune redevance d'usage n'est établie à la date de la présente édition.

COURS DE COACHING THERAPEUTIQUE SDHEA

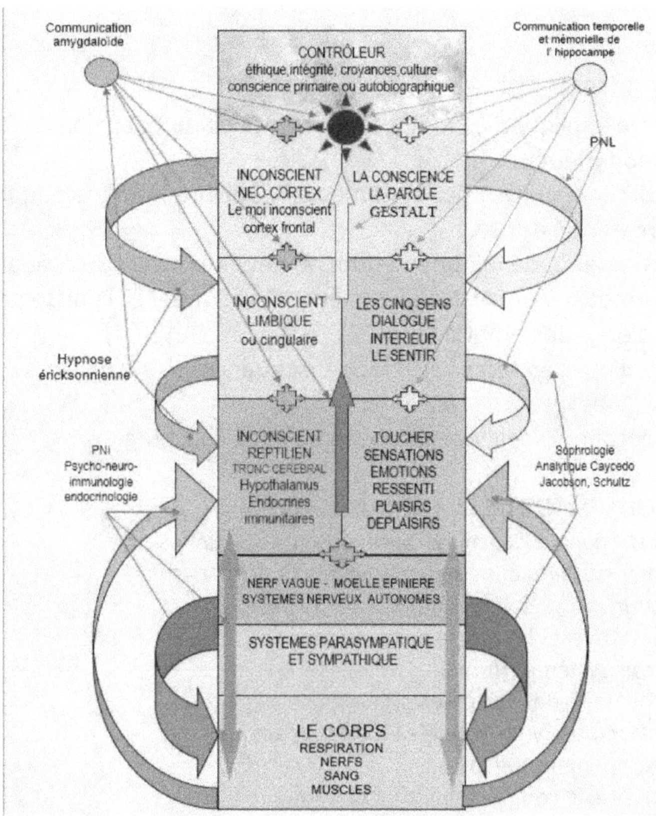

TOME 1

EMOTIONS ET SYSTEMES
COACHING ET THERAPIE SYSTEMIQUES
LE POUVOIR SUR VOS EMOTION
GESTION DE L'EXCELLENCE EN AUTOCOACHING
DIETETIQUE – SPORT – TOUCHER - MEMOIRE

COURS N° 1

« 001 » L'ANALYSE DES SYSTEMES HUMAINS ET DE SANTE ET LA GESTION DES EMOTIONS

OBJECTIFS DE FORMATION :

1° Faire appliquer les règles fondamentales du Coaching Thérapeutique

2° Utiliser l'analyse des systèmes en équilibre homéostatique désiré et non désiré.

3° Préparer le développement personnel du Coach Thérapeute

4° Permettre la maîtrise du système émotionnel et la prise de conscience des émotions

5° Appliquer en temps réel les conséquences des équilibres émotionnels.

6° Aborder l'Excellence du coach en auto-coaching

DEROULEMENT DE LA FORMATION :

Présentation du Coaching Thérapeutique SDHEA

Premier système dans la démarche de Coaching

Introduction au cours et définitions de bases

Les systèmes et l'analyse des systèmes

Les trois systèmes primaires utilisés

Les contrôles des systèmes primaires

Structure homéostatique de l'être humain

Développement personnel

L'intégrité, le comportement et l'Éthique

Être inconditionnellement positif

L'équilibre émotionnel (émotions et imotions, Gestalt)

Fondement psychosomatique émotions-mouvements

Énergie vitale, pulsions, émotions, mouvements

Conséquence Gestaltienne de l'équilibre émotionnel

La diététique du corps et du cerveau

Le sport et ses quatre piliers fondamentaux

Le toucher thérapeutique, le tantrisme chemin de bien être

La mémoire naturelle et la mémoire artificielle

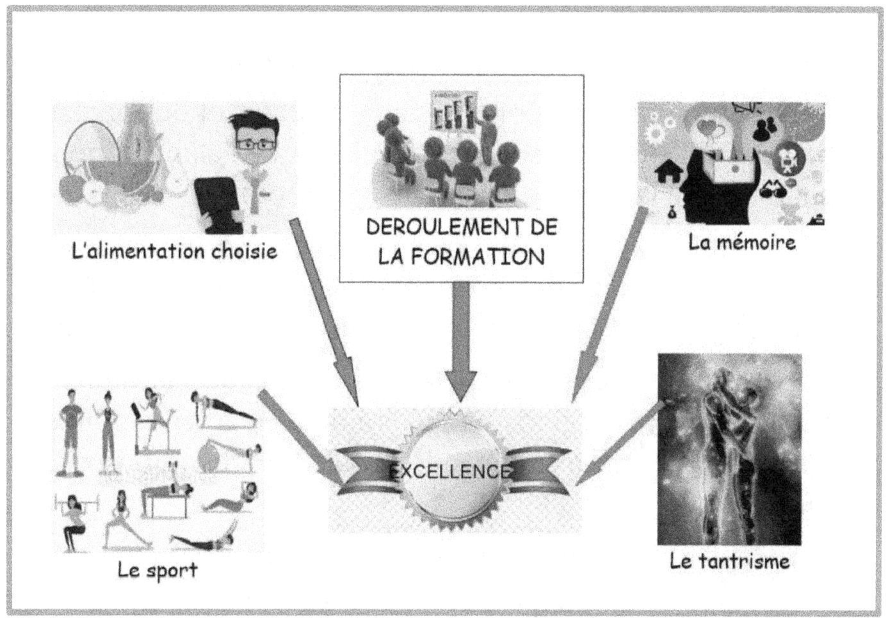

TOME 1²

L'EXCELLENCE CORPS & ESPRIT
LE CORPS ET L'ESPRIT EN SYSTEMIQUE
L'ALIMENTATION – LE SPORT
LE TOUCHER – LA MEMOIRE

07/09/2023 1ère édition

L'EXCELLENCE COACHING DU CORPS ET DE L'ESPRIT EN SYSTEMIQUE DU SUCCES ET DE L'EXCELLENCE

« 071 » GESTION DE L'EXCELLENCE ET ANALYSE DES SYSTEMES DE VIE PAR L'AUTOCOACHING

OBJECTIFS DU COURS

Faire prendre conscience des éléments suivants :

1. Maintenir dans le temps la santé du corps et du cerveau dans l'Excellence grâce aux effets directs de l'alimentation choisie et de la relation taille - poids du corps.

2. Mouvoir le corps par le travail corporel sportif sur les 4 piliers du sport : Le diaphragme, le transverse, le périnée et la colonne vertébrale en relation avec le toucher tantrique.

3. Toucher le corps par le travail thérapeutique tantrique, afin de prendre le temps de se faire du bien volontairement par tous moyens sans demande sociale de substitution quelle qu'elle soit.

4. Le tantrisme comme chemin de bien-être.

5. Développer sa mémoire cérébrale par le travail sur la mémoire naturelle et artificielle au lieu et place des mémoires externes de réseau de mauvaise qualité (internet, milieu social, amical, familial et relationnel).

DEROULEMENT DE LA FORMATION :

I.   Introduction à la nutrition choisie et à la diététique
II.   Développement du travail musculaire d'entretien
III. Travail sur le toucher corporel par le tantrisme
IV. Développement des méthodes de mémorisation.

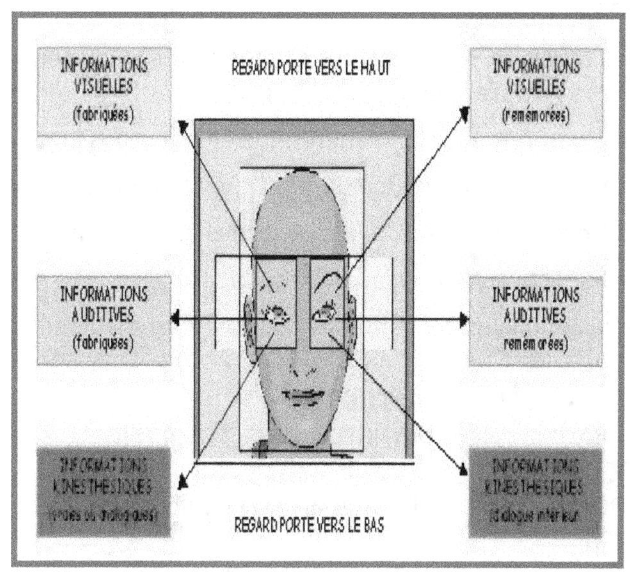

TOME 2

LA PROGRAMMATION
NEURO LINGUISTIQUE. La P.N.L.
SYNCHRONISATION, REFORMULATION
ECOUTE ACTIVE INCONSCIENTE

07/09/2023 1ère édition

PAROLE THERAPEUTIQUE, ERICKSONIENNE, SYNCHRONISATION, ECOUTE ACTIVE

OBJECTIFS DE FORMATION :

Maîtriser la parole thérapeutique et ses premières utilisations pour modifier des structures mentales inadéquates.

1° Manier le verbe, la parole, la rhétorique et le terpnos logos.

2° Se synchroniser. Introduction du VAKO (visuel-auditif-kinesthésique)

3° Apprendre à communiquer avec les parties inconscientes.

4° Reformuler activement de façon inconsciente

5° Manier le multi langage, le métalangage et les destructeurs de mots.

DEROULEMENT DE LA FORMATION :
1. LES CANAUX D'INFORMATIONS (PASSEPORT VERS L'INCONSCIENT)
2. LE STOCKAGE DES INFORMATIONS (MEMOIRE ICONIQUE ET ICONES)
3. LA SYNCHRONISATION
4. LA STRUCTURE HYPOTHALAMO-LIMBIQUE SHTL
5. LA PAROLE ET LE VERBE (FONDEMENTS HISTORIQUES DU SOIN)
6. LE MÉTALANGAGE (METAMODELE PNL)
7. LANGAGE SPECIFIQUE ET NON SPECIFIQUE
8. LE LANGAGE ERICKSONIEN NON SPECIFIQUE
9. LE MULTILANGAGE ET LES DEGRÉS DE LIBERTÉ ARTICULATOIRE DES MOTS
10. LE RECADRAGE DES MOTS, LA PUISSANCE DU CONTEXTE
11. LES DESTRUCTEURS DE MOTS QUI MÈNENT AUX MAUX
12. APPLICATION DES SYSTÈMES THERAPEUTIQUES : SYSTÈMES IMBRIQUÉS
13. ANALYSE DES ÉLÉMENTS POUR LA REFORMULATION MÉTAPHORIQUE
14. LES INTERACTIONS ET LE TERPNOS LOGOS
15. MISE EN PLACE DES SYSTÈMES MÉTAPHORIQUES PAR ANALOGIE
16. INTRODUCTION DES OBJECTIFS ET DES CONTRÔLES MÉTAPHORIQUES

TOME 3

**TRANSE ET HYPNOSE THERAPEUTIQUE
« TRANSE ET HYPNOSE ERICKSONIENNE
INDUCTIONS HYPNOTIQUES ET SUGGESTIONS**

07/09/2023 1ère édition

TRANSE THERAPEUTIQUE ET ERICKSONIENNE, INDUCTIONS HYPNOTIQUES

OBJECTIFS DE FORMATION :

1° FAIRE DES INDUCTIONS HYPNOTIQUES
2° MAÎTRISER LES TRANSES
THERAPEUTIQUES
3° MANIER LES SUGGESTIONS HYPNOTIQUES

DEROULEMENT DE LA FORMATION :
I°.TRAVAIL PRÉALABLE À LA TRANSE :
1. Synchronisation de base (gestes, rythme, voix)
2. Analyse du VAKOG préférentiel
3. Travail en méta langage sur l'objectif
4. Reformulation (inconditionnellement positive)
5. Le jeu, l'imaginaire, le « comme si »
6. Détermination de l'objectif (SCORE)
7. Le recadrage
II°. TRAVAIL DE TRANSE PROPREMENT DIT :
A. L'ABSORPTION
8. La synchronisation complète (respiration, gestes, rythme)
9. La modification de conscience
10. La saturation
11. La fermeture des yeux
12. La confusion
13. La focalisation
14. La faculté de réponse verbale
15. Les fusibles
16. Les permissions
B. LA RATIFICATION
17. Le signaling
18. La lévitation des membres
C. APPROFONDISSEMENT DE TRANSE
19. Le changement de VAKO
20. Les métaphores d'approfondissement
21. Les erreurs, bêtises et incorporations
22. La politesse et les remerciements
23. La profondeur de transe
24. Les signes extérieurs de la transe

IV° LES TECHNIQUES PRATIQUES DE LA TRANSE

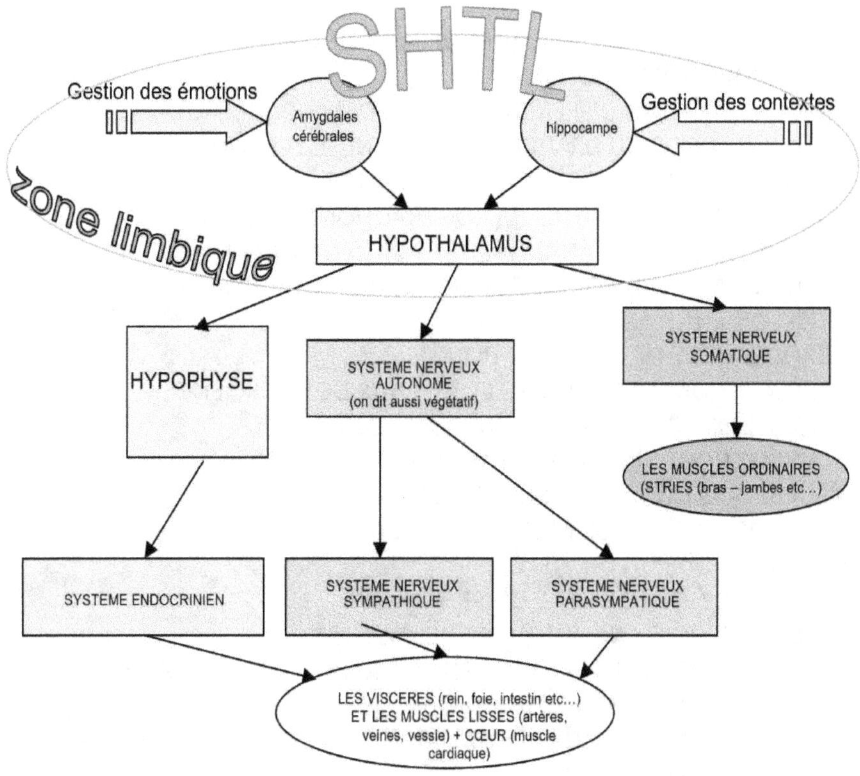

TOME 4

RELAXATION SDHEA
SCHEMAS CORPOREL ET MENTAL

INTRODUCTION A LA RELAXATION

OBJECTIFS DE FORMATION :

- 1° CONNAÎTRE LES TECHNIQUES DE BASE DE LA RELAXATION
- 2° LES NIVEAUX DE CONSCIENCE
- 3° LA RELAXATION DIFFÉRENTIELLE D ' EDMUND JACOBSON
- 4° LA MÉTHODE DU DR VITTOZ (MÉDECINE PSYCHOSOMATIQUE)
- 5° LE TRAINING AUTOGÈNE DE J.H. SCHULTZ
  (RELAXATION PAR AUTO - DÉCONTRACTION CONCENTRATIVE)
- 6° LA SOPHROLOGIE ANALYTIQUE ET LA RELAXATION
- 7° LA RELAXATION SDHEA (SOPHRO DYNAMIQUE HYPNO ERICKSONIENNE APPROFONDIE)

DEROULEMENT DE LA FORMATION :

1° RELAXATION- GENERALITES ET NIVEAUX DE CONSCIENCE

2° LA RELAXATION PROGRESSIVE DE JACOBSON

3° LA METHODE SIMPLIFIEE DE WOLPE

4° LA RELAXATION DIFFERENTIELLE DE JACOBSON

5° LES METHODES INSPIREES DE JACOBSON

6° LA METHODE DU DR VITTOZ

7° LE TRAINING AUTOGENE DU PR SCHULTZ

8° SOPHROLOGIE ANALYTIQUE ET RELAXATION

9° FONDEMENT DE LA RELAXATION SDHEA

10° LE SYSTEME SOPHRO DYNAMIQUE

11° LE SYSTEME NERVEUX AUTONOME

12° LES SCHEMAS DE BASE DE LA RELAXATION SDHEA

- L 'IMPRÉGNATION
- LA REPRISE
- LES BRAS ET LES JAMBES
- LES ZONES CLEFS
- LA RESPIRATION
- LE DIAPHRAGME
- LE PLEXUS SOLAIRE
- POSITIVATION DE SITUATION

En vente sur le site
www.coachingsdhea.fr

RELAXATION SDHEA
LES ETAPES DU SCHEMA CORPOREL
En CINQ ETAPES

RELAXATION SCHEMA CORPOREL

1ère ETAPE : LES BRAS ET LES JAMBES
2ème ETAPE : LES ZONES CLEFS
3ème ETAPE : LA RESPIRATION
4ème ETAPE : LE DIAPHRAGME
5ème ETAPE : LE PLEXUS SOLAIRE

RELAXATION SCHEMA MENTAL

1.   POSITIVATION DE SITUATION
2.   L'ESCALIER
3.   L'ESTIME DE SOI
4.   L'HYPERTHYROÏDIE

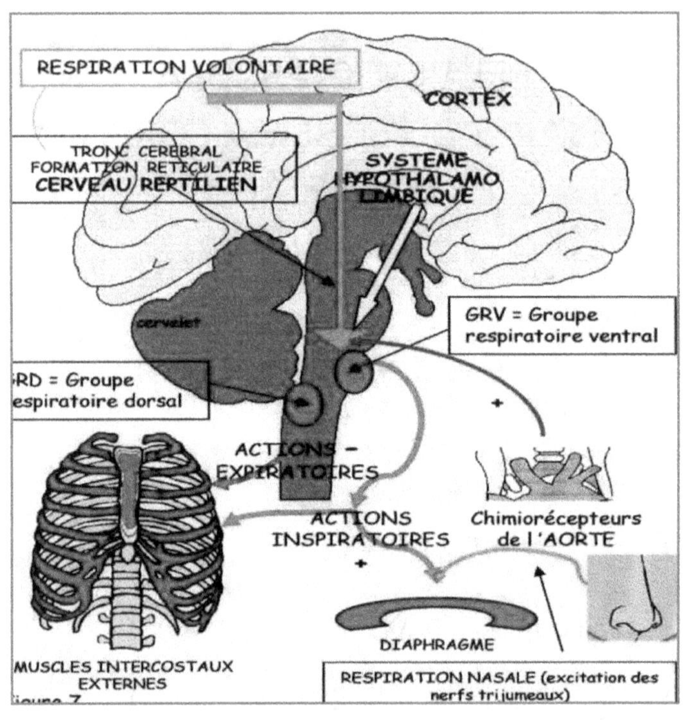

TOME 5

PSYCHOSOMATIQUE
RESPIRATION SOPHRONIQUE
SOPHROLOGIE SDHEA
GESTION DU STRESS

« 269 » **PSYCHOSOMATIQUE RESPIRATION SOPHRONIQUE**
SOPHROLOGIE SDHEA   GESTION DU STRESS

OBJECTIFS DE FORMATION :
- 1° INTEGRER LES FONDEMENTS DE LA PSYCHOSOMATIQUE
- 1° APPROFONDIR LE RÔLE DU CONTRÔLE SHTL DANS L'HOMEOSTASIE
- 2° MAÎTRISER LES EMOTIONS PAR LA RESPIRATION QUATRE TEMPS
- 3° GERER LES ETAPES DE LA SOPHRONISATION
- 4° GERER LE STRESS COURT OU CHRONIQUE
- 5° TRAITER DES SOLUTIONS DE COACHING

DEROULEMENT DE LA FORMATION :
RAPPEL SUR LE SYSTEME EMOTIONNEL
LE SYSTEME DE CONTRÔLE SHTL HYPO THALAMO LIMBIQUE
LA PSYCHOSOMATIQUE
LA FONCTION TONIQUE CORPORELLE
FONCTIONNEMENT ET CONTRÔLE DE LA RESPIRATION
LA MAÎTRISE DE LA RESPIRATION QUATRE TEMPS
LES DECROCHAGES PSYCHOSOMATIQUES
LA MAÎTRISE DE LA RESPIRATION TROIS TEMPS
LA RESPIRATION SOPHRONIQUE
APPLICATION A LA GESTION DU STRESS
CONSEQUENCES PSYCHOSOMATIQUES DU STRESS
APPPLICATION : LES NIVEAUX DE STRESS
LA RESPIRATION AYURVEDIQUE
LES CHAKRAS, COULEURS ET METAPHORES
SOPHROLOGIE DYNAMIQUE SDHEA
SDHEA : SOPHRO DYNAMIQUE HYPNOERICKSONIENNE APPROFONDIE
    ETAPE 1 : LA CONSCIENCE CORPORELLE
    ETAPE 2: LA CLEF DE LA RESPIRATION SOPHRONIQUE
    ETAPE 3 : LA CLEF DE L'APPROFONDISSEMENT SOPHRONIQUE
    ETAPE 4: LE TRAVAIL SOPHRONIQUE INDEPENDANT (COACHING)
    ETAPE 5: L'ACTIVATION MENTALE SOPHRONIQUE (LE SAGE
    INTERIEUR)

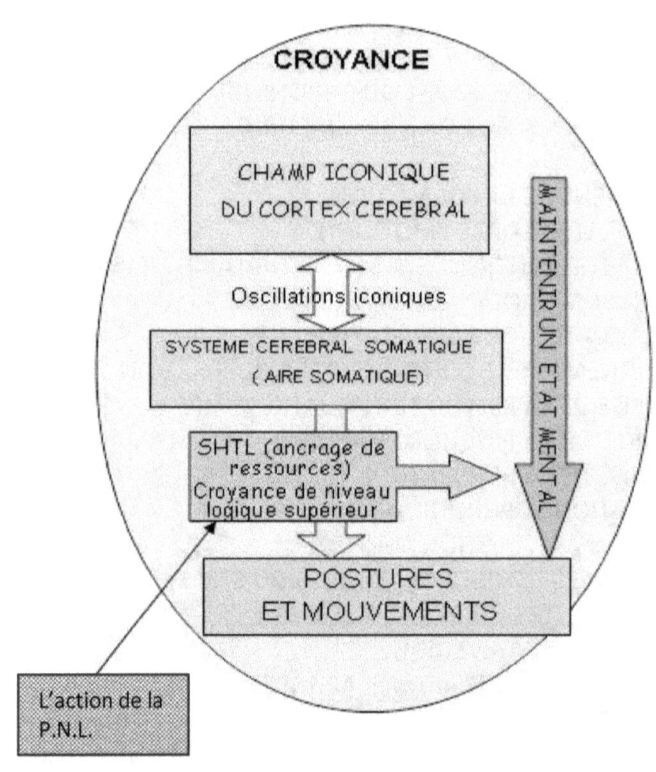

TOME 6
LA P.N.L.
PROGRAMMATION NEUROLINGUISTIQUE
OBJECTIFS ET CROYANCES
RESSOURCES, ANCRAGE ET RECADRAGE

ANAMNÈSE, PROGRAMMATION NEUROLIGUISTIQUE, DÉTERMINATION DES OBJECTIFS RESSOURCES ET RECADRAGE

OBJECTIFS : Savoir faire une démarche d'analyse des systèmes
Savoir faire une anamnèse
Appréhender les objectifs par les niveaux logiques et les croyances
Utilisez les 3 outils de bases de la PNL (Synchro, métalangage, métaprogramme)
Maîtriser les ressources du coaché (visualisation, ancrage, dissociation)
Maîtriser des techniques fondamentales de coaching :
- Générateurs de comportements nouveaux
- Recadrage
- Ancrage
- Modélisation
Connaître les bases d'éthique et de déontologie du Coach Thérapeute
Mener des modes coach individuels et en petits groupes

DEROULEMENT DE LA FORMATION :
1° LES SYSTEMES ET L 'ANALYSE SYSTEMIQUE EN COACHING THERAPEUTIQUE
2° L 'ANAMNESE ET LA DETERMINATION DES OBJECTIFS
3° MISE EN PLACE D 'OBJECTIFS DE VIE
4° LA PROGRAMMATION NEURO LINGUISTIQUE
5° LES META PROGRAMMES EN PNL
6° LES CROYANCES VALEURS ET ANTI-VALEURS
7° ANCRAGES DE RESSOURCES POSITIVES, EMPILAGES D 'ANCRES
8° DESANCRAGES DES NEGATIFS ET DES LIMITATIONS.
9° ETATS ASSOCIES OU DISSOCIES
10° GENERATEURS DE COMPORTEMENT NOUVEAUX
11° LE RECADRAGE PNL ET ERICKSONIEN
12° MODELISATION ET SYSTEMES DE CAPACITES NOUVELLES
13° COMPORTEMENT DU COACH THERAPEUTE, ÉTHIQUE, DEONTOLOGIE.
14° INSTALLATION DU COACH THERAPEUTE
15° COACHING INDIVIDUEL OU PERSONNEL, ET PETITS GROUPES.

SYSTEMES ET ANALYSE SYSTEMIQUE
EN COACHING THERAPEUTIQUE

Le coaching thérapeutique, rappels sur la PNL

Structure homéostatique croyances, pnl, hypnose ériksonnienne.

Les systèmes et l 'analyse systémique en coaching thérapeutique

L'analyse systémique des éléments en coaching thérapeutique

L'analyse systémique des interactions en coaching thérapeutique

L'analyse systémique des contrôles en coaching thérapeutique

L'anamnèse ou la préparation des informations systémiques

Introduction des objectifs dans l 'anamnèse

LA PROGRAMMATION NEUROLINGUISTIQUE
P.N.L.
EN COACHING THERAPEUTIQUE
PLAN DE TRAVAIL

DEFINITION ET HISTORIQUE DE LA PNL

LES METAPROGRAMMES AU SENS DE LA PNL

MISE EN PLACE D'OBJECTIFS DE VIE ET CROYANCES

LA STRATEGIE CEREBRALE DES CROYANCES

LES DEGRADATIONS DU META MODELE

LA BASE SYSTEMIQUE DES CROYANCES

LES CROYANCES, VALEURS ET ANTI-VALEURS

SYSTEME COMPLET HOMEOSTATIQUE

CROYANCES : SYSTEME INTEGRE EN DEGRE LOGIQUE

PRATIQUE DU CHANGEMENT DES CROYANCES

LES ANCRES MENTALES DE RESSOURCES POSITIVES

EMPILAGE D'ANCRES AMELIORATION DES RESSOURCES

DESACTIVATION D'ANCRE OU DESANCRAGES

ETATS ASSOCIES OU DISSOCIES

DISSOCIATIONS EN PNL ET HYPNOSE ERICKSONIENNE

DISSOCIATIONS EN PARTIES POSITIVES EN TRANSE E.

GENERATEUR DE COMPORTEMENT NOUVEAU

LE RECADRAGE PNL OU HYPNOTIQUE

MODELISATION ET SYSTEMES DE CAPACITES NOUVELLES

07/09/2023 1ère édition